Let's program FPGA !!!

First guided experience

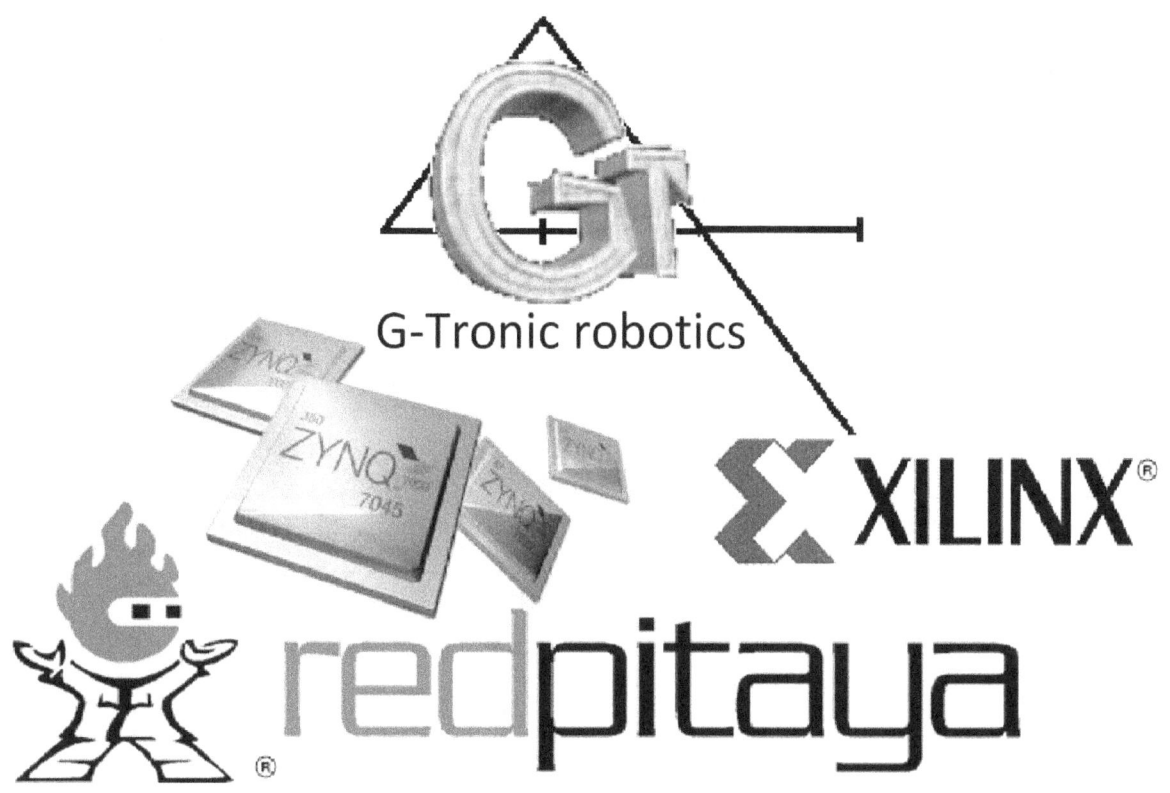

SoC programming by Xilinx

ed.2018 By Marco Gottardo

Questa prima edizione è stata pubblicata il 28 Febbraio 2018 da Marco Gottardo.

Tutti i diritti riservati. Nessuna parte di questa pubblicazione può essere riprodotta, salvata in un sistema di memorizzazione o trasmessa in qualsiasi forma o con qualsiasi mezzo, meccanico o elettronico, senza il permesso scritto di Marco Gottardo, C.F. GTTMRC68R06G224I, Via Colombo 14, 30030 Vigonovo (VE) Italia. E-mail: ad.noctis@gmail.com

ISBN-13: 978-1986100939

ISBN-10: 1986100936

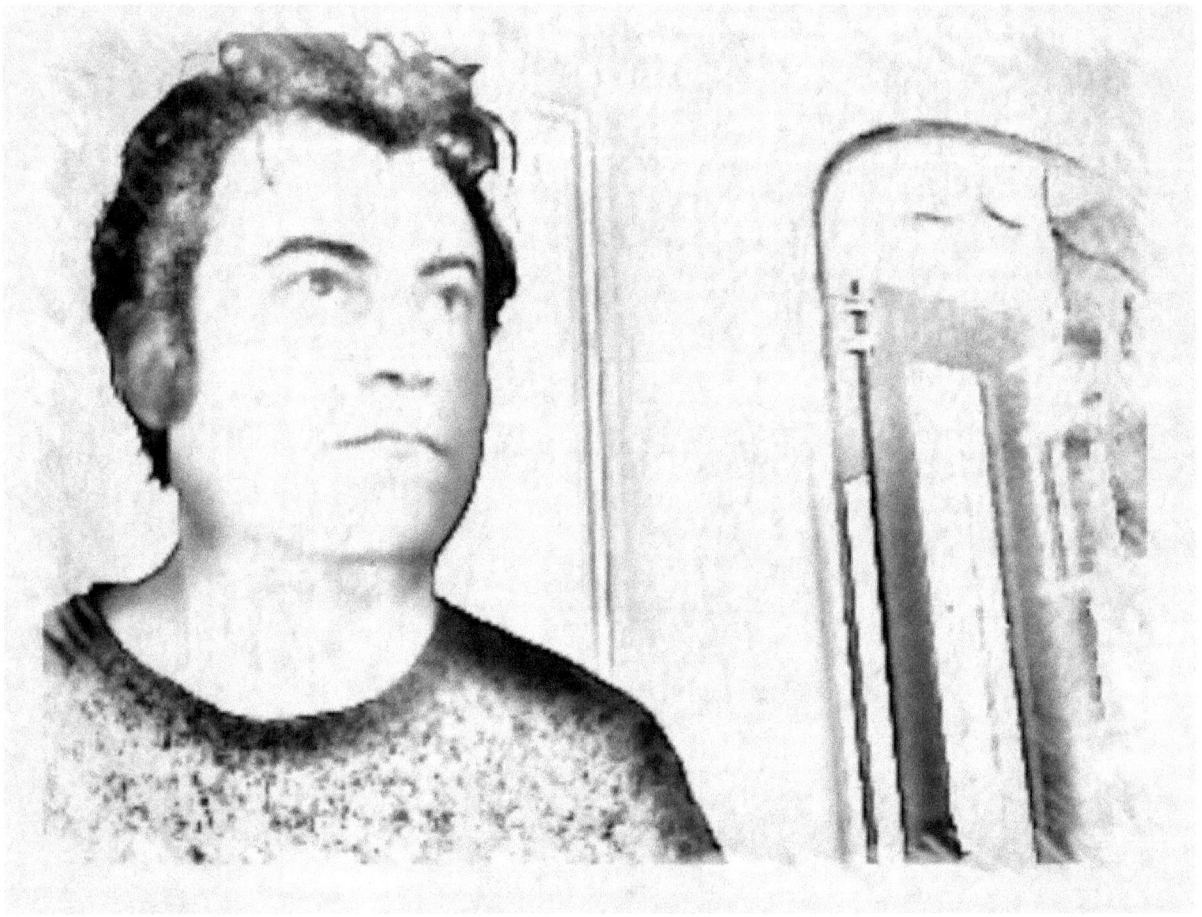

Let's program FPGA, collana di edizioni by Marco Gottardo.

Indice

Let's program FPGA !!! 1

Indice 3

FPGA Ready To GO!!! 1

Cos'è un IP? 2

Gli strumenti di simulazione di Vivado 4

Aspetto di uno strumento di simulazione 6

Realizzare un IP 6

Let's see the basic concept 7

Il formato bitstream 10

Creare una porta esterna con FPGA 13

Caricare il programma su un sistema SoC (system on chip) 15

Bibliografia 21

Indice delle figure 23

Let's program FPGA, collana di edizioni by Marco Gottardo.

FPGA Ready To GO!!!

E' finalmente disponibile la prima edizione del libro "First step on FPGA", basato sull'hardware ZYNQ 7020, prodotto da Xilinx.
Questi potentissimi chip integrano una estesa sezione FPGA con una potente sezione ARM dual core della generazione Cortex A9.
Praticamente un mostro di potenza in pochi millimetri quadrati di silicio.
Per focalizzare l'argomento il processore ARM multicore sono quelli con cui sono costruiti gli smart phone mentre la sezione FPGA costituisce il frontend dei più potenti ed evoluti sistemi elettromedicali o strumenti di diagnostica, acquisizione dati, strumenti di misura in genere e non solo.
Normalmente lo ZYNQ trova impego nei sistemi SoC (System on Chip,) ovvero che al boot carica il sistema operativo.
Vedremo come è possibile interfacciarsi alle schede SD in cui sia presente un kernel Linux e di conseguenza come iteragire con le RAM DDR3 di ultima generazione.
Il libro è destinato a crescere in base alle esperienze che verranno accumulate durante le prime edizioni del corso, di certo unico nel suo genere.
La prima edizione del corso potrà essere attivata a novembre, e saranno ammessi solo coloro che come prerequisiti risultino in possesso della laurea in ingegneria elettronica oppure informatica. Come propedeuticità è bene possedere l'attestato rilasciato al mio corso di programmazione dei microcontrollori PIC.
Gli interessati posso già prenotarsi. Il corso accetterà al massimo 7 allievi indifferentemente italiani o stranieri. In caso di necessità il corso potrà essere impartito in lingua inglese.

Figura 1 SoC della famiglia Zynq 7000, housing BGA 400 terminali

Cos'è un IP?

cos'è un IP? Sono i componneti principali di cui si compone un programma, nella sessione block design, dell'ambiente Vivado.
Letteralmente tradotto in "Intellectual Property" abbreviato "IP".
Esistono IP di libreria e ovviamente quelli programmati dall'utente.
La visualizzazione grafica, maschera un linguaggio più a basso livello, di tipo classico a riga di comando, composto di costrutti interconessi secondo una sintassi che può essere:
1) HDL (hardware description language), lo standard.
2) VHDL (VHSIC Hardware Description Language, dove VHSIC è la sigla di Very High Speed Integrated Circuits).
3) Verilog, un po datato ma più intuitivo e di rapida applicazione.
La struttura dell'hardware design ha origine nel TOP model, che il programmatore dovrà scegliere come passo iniziale, probabilmente dalle librerie standard. Nel nostro caso il processore ZYNQ 7000, che concettualmente diventerà il top model a cui agganciare gli altri IP.
Fortunatamente, l'ambiente Vivado, mette a disposizione il tool "Run Connection Automation" che implementa automaticamente l'interconessione degli IP, anche via interfaccia AXI una volta che questa sia stata definita nel TOP model.
Benchè la struttura a blocchi possa sembrare un'insieme di circuiti separati interconessi, si tratat in realtà di implementazioni interne al Chip allo stesso livello di astrazione e le uniche conessioni verso il mondo estreno verranno rappresentate come delle "frecce" di rinvio, verso la DDR o i PORT.
Osserviamo attentamente l'immangine per poi discuterne assieme fissando i concetti base e acquisendo i successivi.

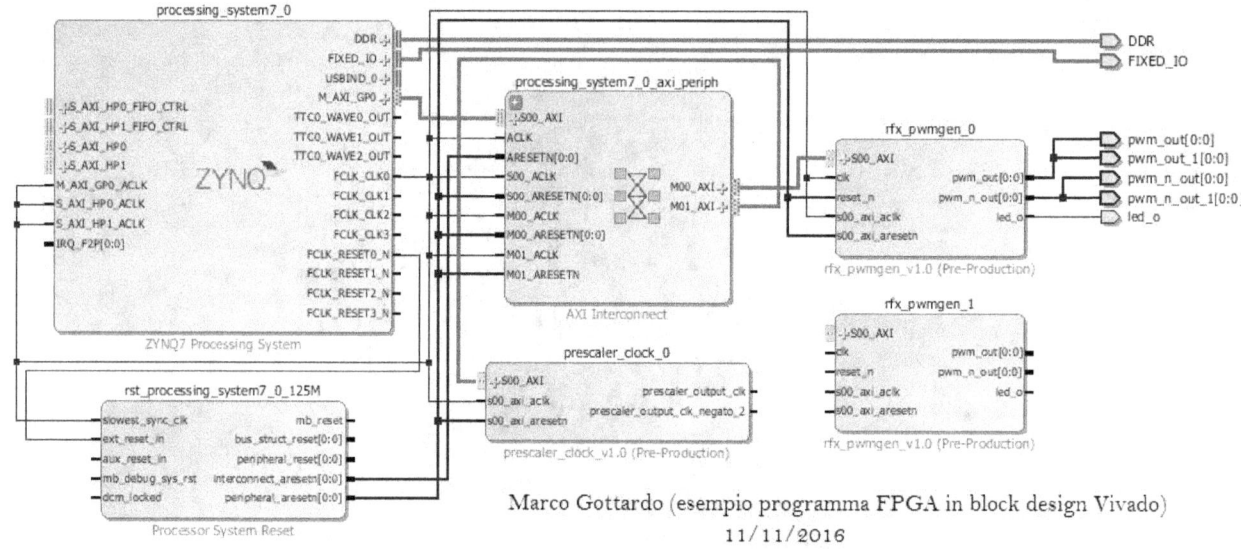

Figura 2 Programma HDL in ambiente Vivado

Eccoci giunti al primo passo da fare assieme nell'ambito della programmazione delle FPGA. Presto faremo la prima edizione del corso, presumibilmente a gennaio 2017.
1) Create un account personale sul sito della Xilinx. Questo passaggio è fondamentale perchè vi permette di scaricare non solo il software ma anche le licenze gratuite (e non) che vorrete utilizzare.
2) La versione che useremo nel gruppo è la 2015.4, molto completa, molto pesante, molto performante. Occhio...esistono molte versioni, ad esempio la 2016, ma avrete problemi di compatibilità quindi restate sulla 2015.4, dato che ci ho anche scritto il libro.
3) Tra i pacchetti, selezionate anche il HLS (High Level Sinthesis) serve per implementare algoritmi complessi, ad esempio in C, come ad esempio le OpenCV, all'interno della FPGA. Praticamemte impossibili da implementare tramite HDL (Hardware Description Lenguage).
4) Ricordatevi di installare il pacchetto SoC (System On Chip), che sarà riferito alla serie 7000 dei processori ZYNQ. Questi integrano una potente sezione ARM Dual Core, 700MHz, Cortex A9 con una

estesa sezione FPGA (Field Gate Array). La comunicazione tra le due sezioni avviene internamente tramite un bus dedicato di derivazione AMBA di cui si parla nel libro di testo (il link un è un po' più avanti). Solo questo protocollo AXI, può accedere via FPGA alla memoria DDR3.

Cliccando sull'icona nel desktop vi comparià il control panel, visibile nell'immagine. Questo è diviso in tre sezioni, la prima per il Quick start (crea e manipola un progetto FPGA), la seconda che gestisce i task, ad esempio per la manipolazione degli "IP" che cono gli elementi fonfamentali della sintesi della rete FPGA e la comunicazione con le schede demoboard per il deploy del progetto, e l'information center in cui c'è un'ampia documentazione che risulta esere dispersiva se non si è accompagnati nei primi passi.

Come visibile nell'immagine io lavoro in una carteòòa all'interno di documenti che ho chimato FPGA_project, e consiglio a tutti di fare altrettanto.

Vorrei fondare un gruppo di ricerca e sviluppo privato...sotto forma di associazione di ingegneri, con sede a Padova, nei locali della G-Tronic Robotics Didactis division, Via Austria 19b, con possibilità di aderire anche in teleconferenza e telelavoro.
Chi sarebbe interessato?
Presto definirò le date della prima sessione del corso, e i requisiti per aderire e tesserarsi a questa nuova associazione.
Il libro di testo "First step on FPGA Xilinx, introduzione alla progettazione dei sistemi SoC" è già online, e disponibile al link Fist step in FPGA Xilinx

Figura 3 Xilinx Vivado start page

Gli strumenti di simulazione di Vivado

All'interno della piattaforma Vivado, la Xilinx ha integrato un potente tool di simulazione del codice VHDL che si realizzerà nella sezione block design.

Le variabili visibili sono quelle definite nello specifico IP (intellectual property, vedi post precedenti), ovvero i pin di input output come anche le variabili interne.

Il concetto di base è che i blocchi IP vengono simulati uno alla volta quindi nella sezione "Simulation" bisognerà fare in modo che l'IP sotto test venga considerato dal simulatore (e solo dal simulatore, non dal block design) come TOP level.

Noteremo che l'asse temporale potrà essere tarato fino ai pico secondi, questo grazie all'estremamente alta velocità in cui sono in grado di operare le FPGA.

Nell'immagine postata l'asse è stato rallentato all'ordine dei nano secondi (che può apparire comunque molto rapido).

Le variabili che compariranno saranno suddivise in PORT e signals. A queste si aggiungeranno le eventuali variabili interne.

La sintassi VHDL, dell'IP realizzato, che implementa un prescaler, ovvero un divisore continuo di frequenza, ha la seguente implementazione:

```vhdl
-- Company: RFX cnr (istituto gas ionizzati Padova)
-- Engineer: Marco Gottardo
-- Create Date: 11/09/2016 02:40:31 PM
library IEEE;
use IEEE.STD_LOGIC_1164.ALL;
use IEEE.numeric_std.ALL;

entity Prescaler_code is
Port ( clk : in STD_LOGIC;
prescaler_out : out STD_LOGIC;
divider : in STD_LOGIC_VECTOR (15 downto 0) := x"FFFF";
prescaler_output : out STD_LOGIC
);
end Prescaler_code;

architecture Behavioral of Prescaler_code is
signal counter : unsigned (15 downto 0) := (others => '0');
signal internal_counter : unsigned (31 downto 0) := (others => '0');
signal set_togle : unsigned (31 downto 0) := (others => '0');

begin
set_togle <= to_unsigned(5000, 32);

process(clk,internal_counter)
begin
if rising_edge(clk) then
counter <= counter + 1;
end if;

if rising_edge(clk) then
internal_counter <= internal_counter +1;
if internal_counter > set_togle then
prescaler_output := '1';
end if;
if internal_counter > set_togle * 2 then
prescaler_output <= '0';
internal_counter <= to_unsigned(0, 32);
end if;
end if;
end process;
```

Aspetto di uno strumento di simulazione

Strumenti di simulazione: IP prescaler che genera un clock di frequenza desiderata.

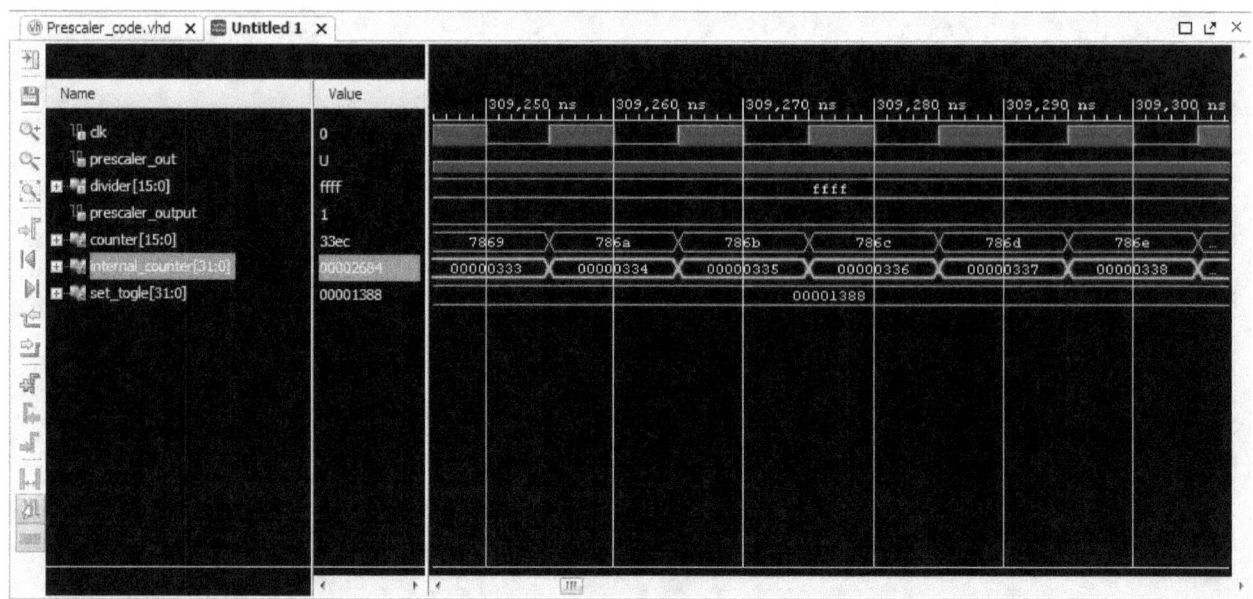

Figura 4 Strumento di simulazione con stimolo dei segnali

Realizzare un IP

Ora realizziamo un IP (intellectual property), in linguaggio VHDL nella piattaforma Vivado di Xilinx, per i potenti device della famiglia ZYNQ7000. Ricordo che questi chip integrano una sezione PL (programmable logic, ovvero un'enorme area FPGA) con una PS (processor system, che nella versione anche base del chip, ovvero il ZYNQ7000 a 400 pin BGA, è costituita da due core ARM di cernerazione CORTEX A9 csacuono a 700MHz, in grado di interfacciarsi alla DDR3 di ultima generazione e di caricare da una SD un kernel di derivazione ad esempio Linux o Android.
Questi Chip sono il futuro (in realtà attuale) della robotica applicata.
Il primo corso di programmazione di FPGA sarà attivato a gennaio 2017, gli interessati devono verificare di avere i requisiti necessari per accedervi.
Vi ricordo che le nozioni di queste post le trovate approfondite nel mio libro Primi passi con le FPGA, in vendita solo su http://www.lulu.com/.../first.../paperback/product-22886982.html

Let's program FPGA, collana di edizioni by Marco Gottardo.

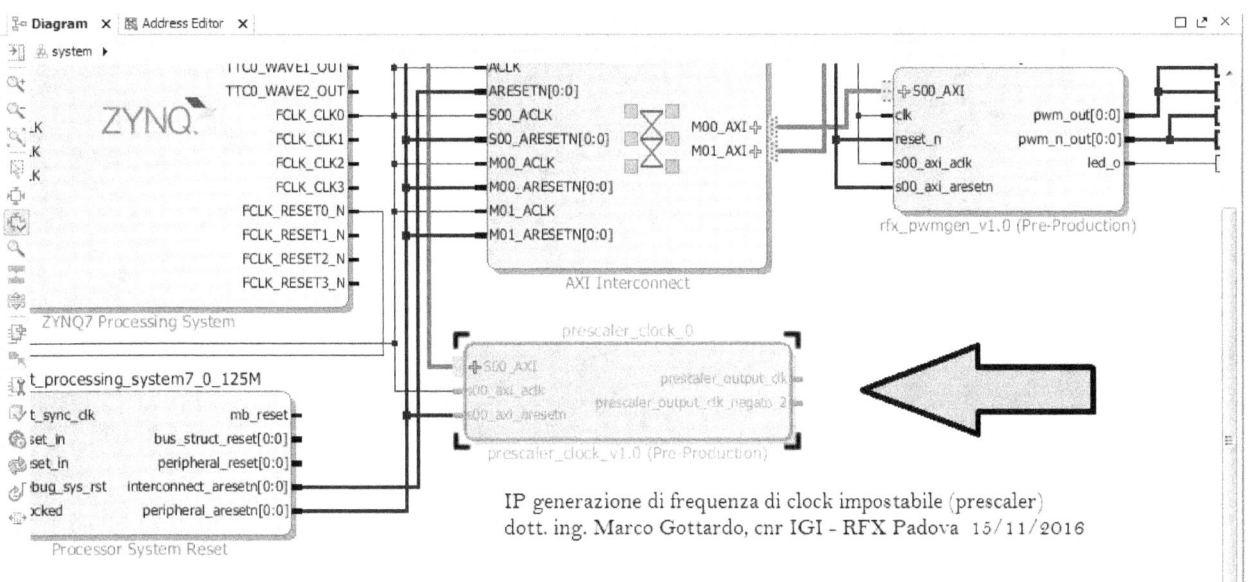

Figura 5 Programmazione di un IP divisore delle frequenza, prescaler

Let's see the basic concept

Let's see some basic concepts about IP in the FPGA programming.
As seen in previous posts IP are represented as graphic blocks in the block design section. The state on pin gate or internal behaviors are modifiable in the VHDL code.
The code structure is divided into standard sections.
1) The entity (la sua struttura hardware)
2) The behavior (comportamento)
The behavior is decribe by the process.
The processes are called as instances of the IP block, and constitute the current result of the internal described network.
suppose we want to implement a simple flip-flop within the FPGA network.

```
entity Flip_Flop is
port (S,R,clk :in bit; q, q_not : out bit);
end Flip_Flop;

architecture basic of Flip_Flop is
begin
flipflop_behavior : process is
begin
waite until clk ='1';
q <= S after 2ns;
if rising_edge(R) then
q <= '0';
end if;
end process flipflop_behavior
end architecture basic;
```

To add a new IP block (per inserire il nuovo blocco IP), click on "add surce" in the Project manager section of your Vivado istallation. Be scure to had select the top model IP, before act.
It appear a box, like show in posted picture. So insertin the editor the VHDL here over. so repackage IP...and run automatic connection on the block design editor.
You have implemented your first FPGA program.

Commenti:

- Add source -> permette di introdurre il codice VHDL per un nuovo IP in Vivado.

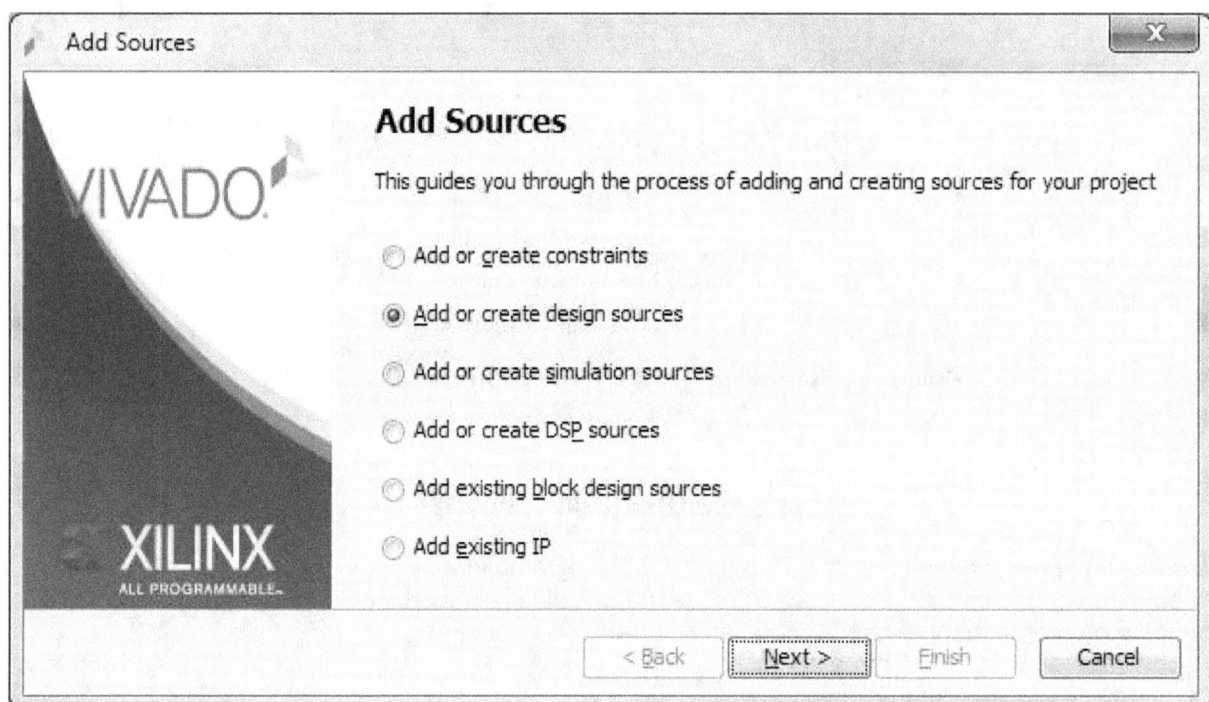

Figura 6 Creazione di un IP per generazione di codice sorgente

- Attenzione. Warning. There are three main languages in which implement IP blocking. 1) Verilog (il più vecchio, ma ben documentato e con materiale disponibile in bibliografia. 2) HDL (generico) 3) VHDL il più potente e performante. Noi useremo questo.

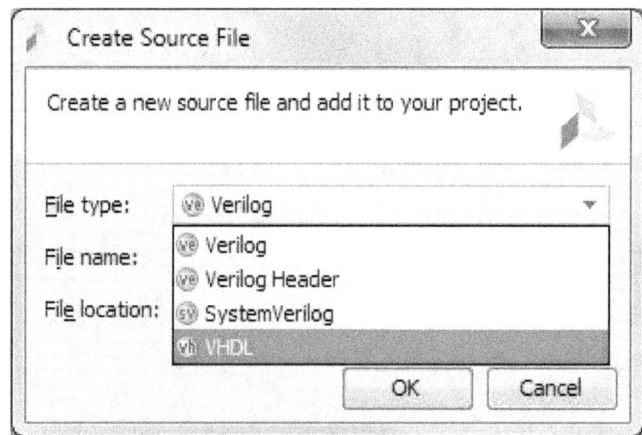

Figura 7 Selezione linguaggio dei codici sorgenti

- Nulla vieta di usare un IP svritto in Verilog all'interno di un design scritto in VHDL perchè gli IP una volta chiusi, mostrano alla rete il solo behavior (comportamento) tramite le porte. Ciò che

Let's program FPGA, collana di edizioni by Marco Gottardo.

accomuna i vari linguaggi saranno le compatibilità tra le tensioni hardware e i protocolli di comunicazione. Userme AXI4 oppure la versione light di AXI 4.
- La creazione guidata del blocco IP tramite il menù "add surce" ci permette di definire graficamente i pin di ingresso e uscita del nuovo IP, ovvero crea la sezione entity del programma VHDL: entity Flip_Flop is port (S,R,clk :in bit; q, q_not : out bit);
end Flip_Flop.

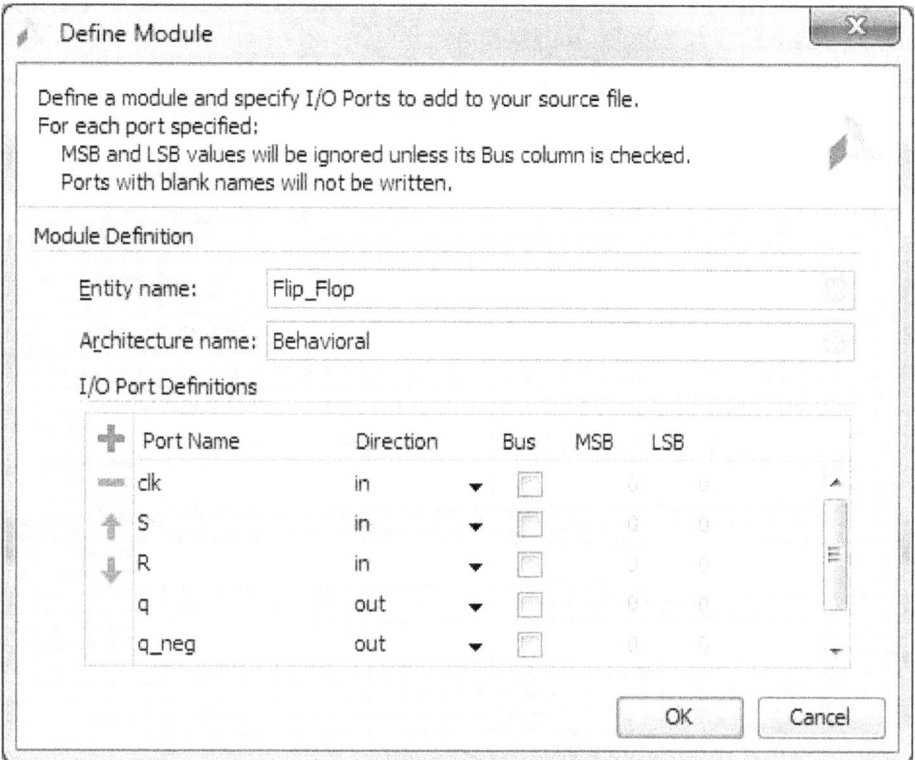

Figura 8 Inserimento dei segnali di I/O all'IP

Il formato bitstream

il formato riconosciuto dalla FPGA come caricabile è il .bit ovvero il bitstream. Per generare il bitstream, e quindio eseguire il deploy come sintesi della logica FPGA, bisogna che siaono stati eseguiti con successo tutti i passaggi precedenti.

Creazione del progetto -> integrazione dei nuovi IP e relativo "run automation che si cura della conessione dell'AXI interno, -> simulation allo scopo di vedere se il behavior (comportamento della rete) è quello atteso, -> RTL analysis (mostra la superficie di silicio impegnata), -> Syntesis (crea i file finali da assemblare nel bistream) -> Generate bitstrean (passaggio finale).

Ora siamo pronti per il deploy.

Nell'immagine postata vediamo, sul lato sinistro, i 7 passaggi in cui gli ultimi due creano il bitstream. Sul lato destro il sistema risponde dicendo che il file di bitstream è stato generato con successo.

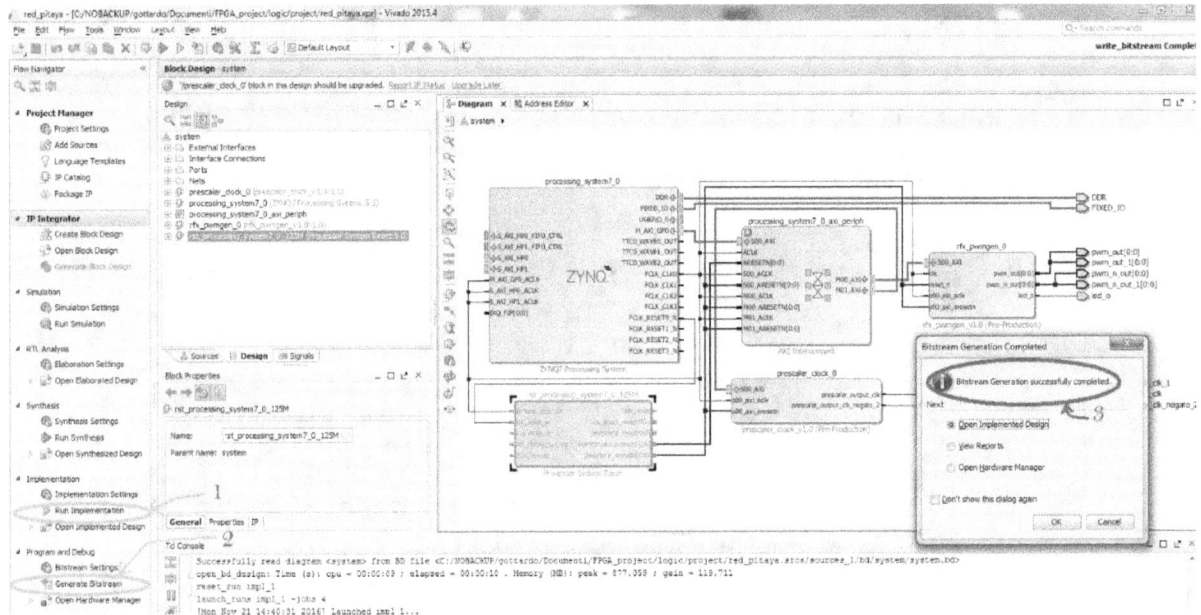

Figura 9 Generazione del bitstrema .bit

Commenti:

- Come viene mostrato l'implementation design, ovvero la nuova rete logica generata dal nostro programma sulla superficie interna dell'FPGA.

Let's program FPGA, collana di edizioni by Marco Gottardo.

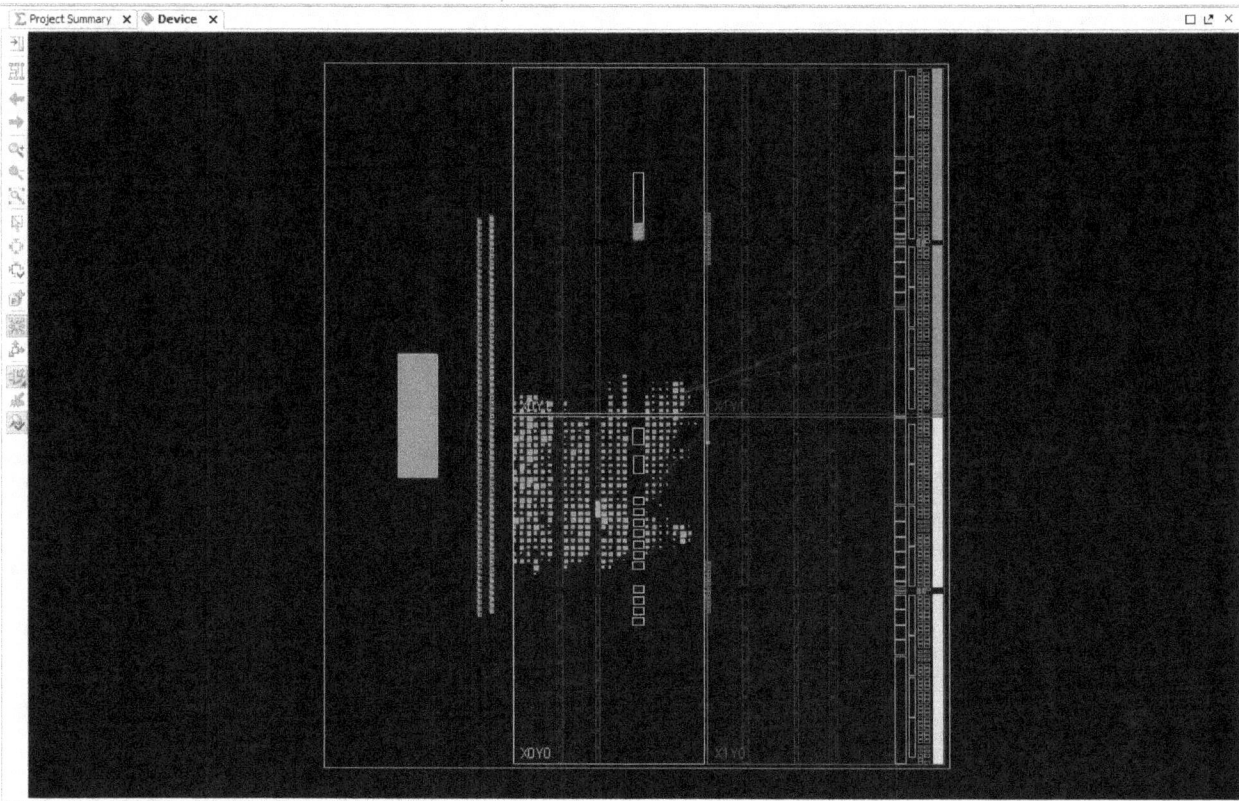

Figura 10 Visualizzation dell'area impegnata di silicio nell'FPGA

- È possibile zoomare a un livello molto spinto e visualizzare le singole LUT ovvero i quadratini azzurri. Trovate la teaoria sul libro first step on FPGA programming. Immagino che per molti sia la prima volta che possono vedere una configurazione interna di chip a livello di silicio, customizzata su un vostro programma.

- Per caricare il programma nella FPGA (operazione di deploy) muniamoci di una shell SSH e logghiamoci come root al device SoC in cui sia in esecuzione un kernel Linux. Nel caso della Pitaya, in cui è montato uno Zynq7000, con 4 Giga di RAM DDR3 entreremo tramite interfaccia ethernet. L'indirizzo del mio esemplare è statico e accessibile dalla LAN come 192.168.62.13

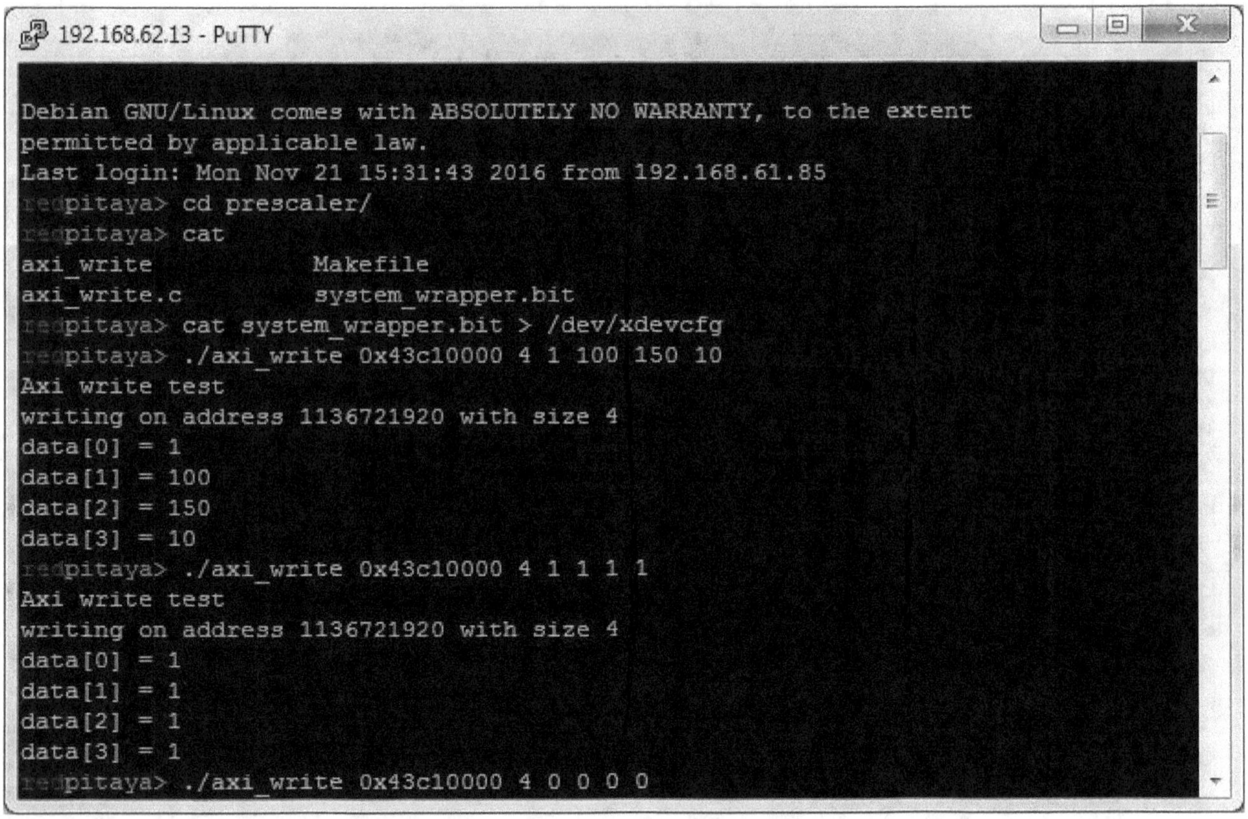

```
192.168.62.13 - PuTTY

Debian GNU/Linux comes with ABSOLUTELY NO WARRANTY, to the extent
permitted by applicable law.
Last login: Mon Nov 21 15:31:43 2016 from 192.168.61.85
redpitaya> cd prescaler/
redpitaya> cat
axi_write          Makefile
axi_write.c        system_wrapper.bit
redpitaya> cat system_wrapper.bit > /dev/xdevcfg
redpitaya> ./axi_write 0x43c10000 4 1 100 150 10
Axi write test
writing on address 1136721920 with size 4
data[0] = 1
data[1] = 100
data[2] = 150
data[3] = 10
redpitaya> ./axi_write 0x43c10000 4 1 1 1 1
Axi write test
writing on address 1136721920 with size 4
data[0] = 1
data[1] = 1
data[2] = 1
data[3] = 1
redpitaya> ./axi_write 0x43c10000 4 0 0 0 0
```

Figura 11 Comunicazione via ethernet con la sezione ARM del SoC

Let's program FPGA, collana di edizioni by Marco Gottardo.

Creare una porta esterna con FPGA

Creare una porta esterna per lo ZYNQ7000 series.
Che il vostro design sia etremamente semplice o complesso prima o poi dovrete fare comunicare l'architettura interna con il mondo esterno.
Ci sono due macrofamiglie di connessioni:
1) Quelle connesse alla sezione PL (programmable logic, ovvero ai PORT della sezione FPGA.
2) Quelle connesse a alla sezione PS (processor system, ovvero ai CORE ARM.
Se si sta progettando un elettromedicale o uno strumento che deve acquisire i segnali ad alta velocità ci si dovrà collegare alla sezione PL.
Laciamo la piattaforma Vivado ed apriamo il design a cui vogliamo aggiungere un collegamento esterno, in input oppur in output.
Per semplicità ci riferiamo a un I/O digitale.
Dovremmo indicare la tensione a cui opera, ad esempio 3v3 oppure 2v5, e la modalità ad esempio common mode oppure LVDS ovvero differenziale (con le eventuali varianti).
Nella colonna del Flow Navigator agiamo su "Open Block Design".
Agiamo sul tasto Add_IP presente sul bordo dell'area di editor (vedi la prima immagine), il nuovo IP viene prelevato dalla libreria degli oggetti compatibili al design iniziato.
Comparirà in una posizione riaggiustabile per trascinamento usando il mouse. Agiamo con il tasto destro -> Make External. Questo farà comparire, anche se scollegata, una nuova porta di tipo neutro, che andremo a configurare. (vedi la seconda immagine). Il pin compare solo se puntiamo con il mouse sul pin indicato del blocchetto.
Ora collegheremo l'ingresso di clock e successivamente l'interfaccia AXI tramite run Automation.
Si conclude modificando nei contraints il pin fisico di IO e sistemando nei surces il codice VHDL.

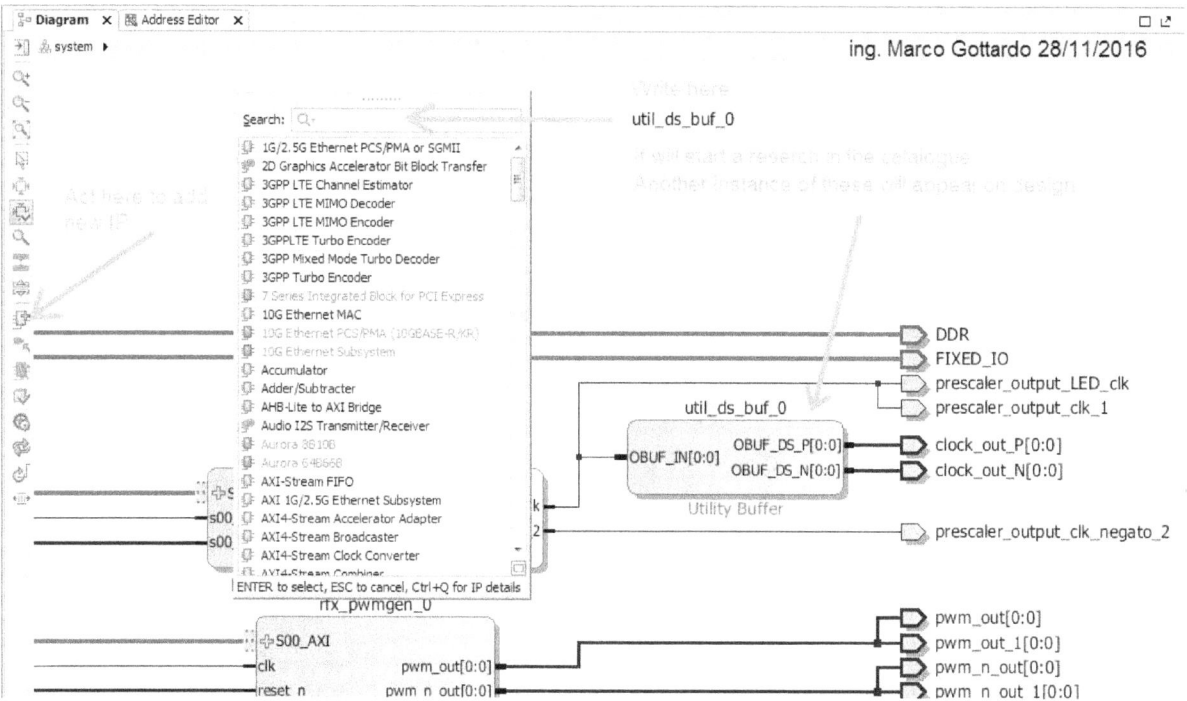

Figura 12 Generare pin esterni pre prelevare il segnale dall'FPGA

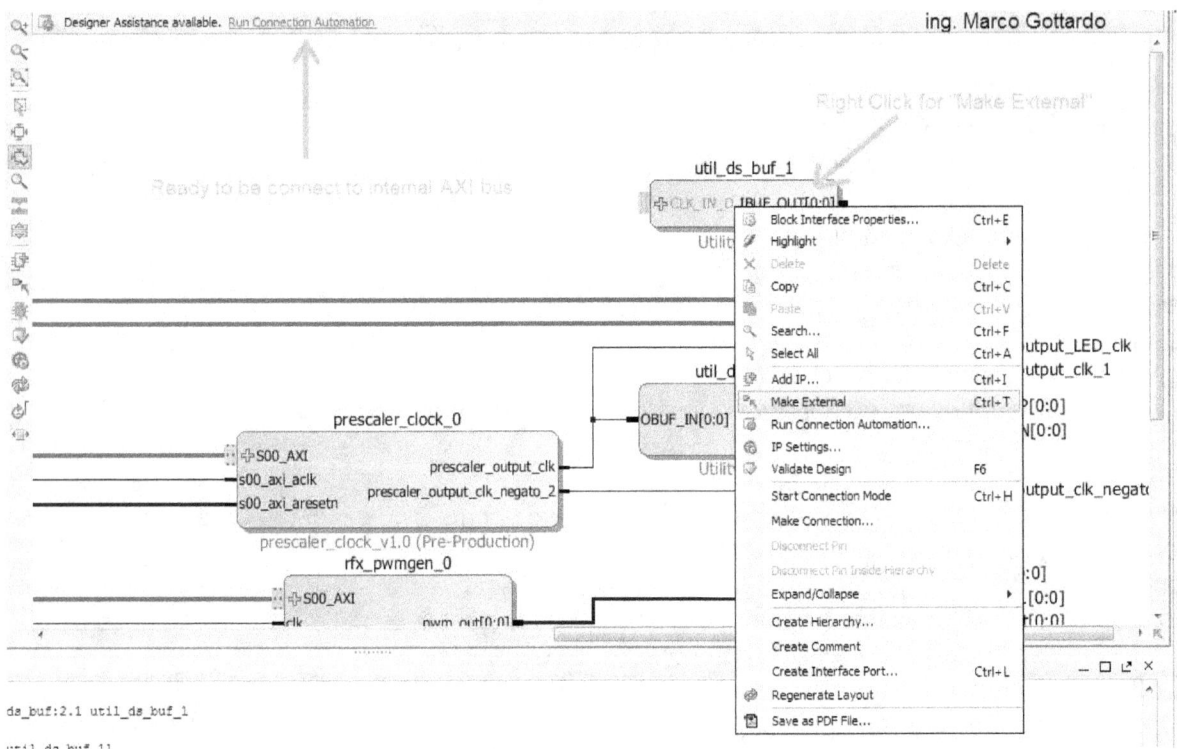

Figura 13 operazione make external dei segnali

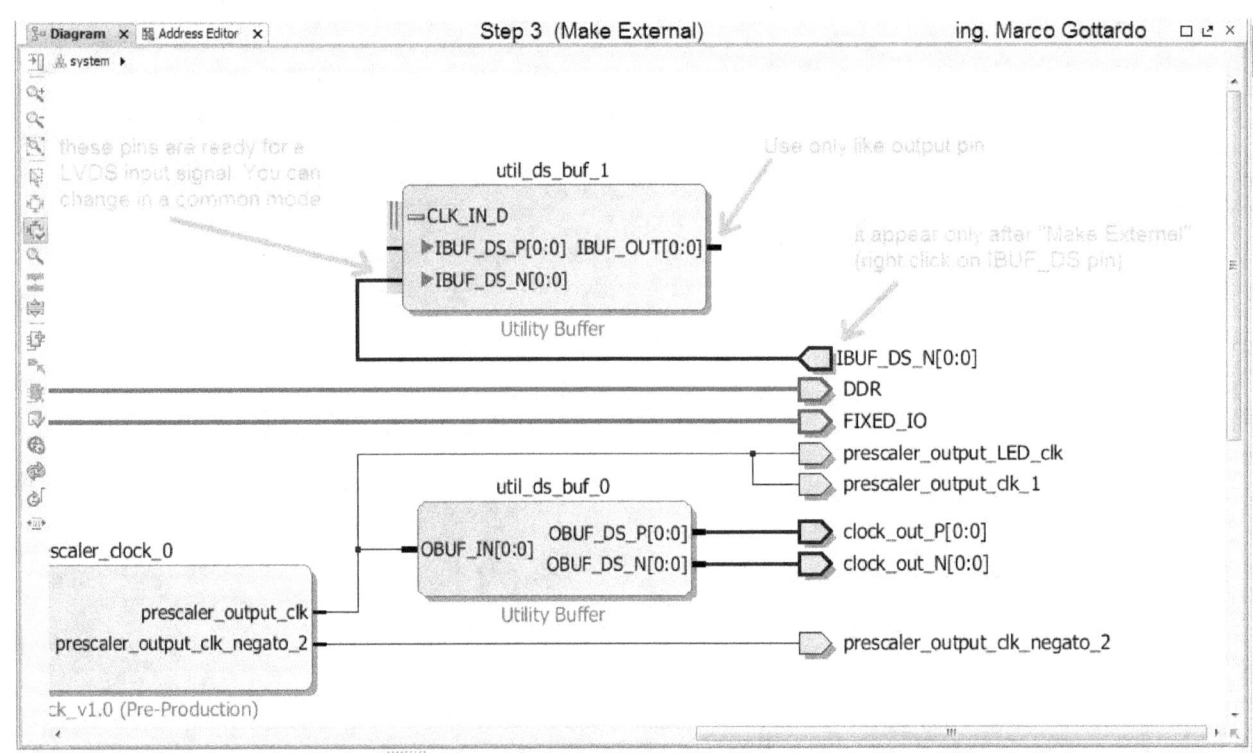

Figura 14 buffer dei pin esterni

Let's program FPGA, collana di edizioni by Marco Gottardo.

Caricare il programma su un sistema SoC (system on chip)

Per eseguire un programma sviluppato sul nostro terminale all'interno di un sistema munito di OS, come ad esempio un raspberry o una redpitaya è necessario loggarsi a questo tramite una shell SSH e disporre delle credenziali dell'acount amministrativo. Supponiamo di avere sviluppato un programma in VHDL per per la sezione FPGA che implementa il frontend di un nuovo strumento di acquisizione dati realizzato per REDPITAYA. Il chip centrale è lo ZYNQ7000, munito di dual core ARM Cortex A9, entrambi i core a 700MHz, con a bordo da 1 a 4 GByte di DDR3, e un'ampia sezione FPGA di Xilinx, interconessa ai core tramite bus AXI (evoluzione dell'AMBA). Nella SSD da 8 giga, in dotazione, è residente un sistema operativo, di derivaione Linux, chiamato ecosystem. La bash accetta tutto il set standard Linux. Ci si può loggare alla Pittaya da windows usando il tool WinSCP, che integra anche una console PUTTY.

Sul lato target, ovvero la folder corretta della Pittaya, è in esecuzione il software di gestione dell'AXI, di cui posto il sorgente.

impostiamo un IP fisso sul lato target, nel mio caso 192.168.62.13 e riavviamo il sistema in modo che siano effettive le nuove impostazioni dell'eth0.

Avviamo winscp e impostiamo nella schermata iniziale, protocollo SFTP, host name 192.168.62.13, porta 22, username root e passwod la vostra password (quella di fabbrica è root)

Aperta la sessione WinScp, seguiamo i passaggi mostrati nelle immagini. comparirà la cartella progetto sul lato sinistro (lato PC) e la cartella di destinazione sul pannello detro (lato pitaya). Sovrascriviamo per trascinamento il nuovo bitstream nell'immagine compilato come systema_wrapper.bit

Ora il programma è dentro al sistema, ma deve essere mandato in esecuzione, per questo motivo ci serve un terminale putty con cui imputare i dati di istanza dell'applicativo, ma sopratutto l'offset di memoria (che ha l'aspetto di un registro), da cui lanciare l'esecuzione.

La sessione di Putty potrebbe richiedere la connessione, (vedere immagine).

Una volta stabilita la conessione richiede di loggarsi fornendo le credenziali (quelle di root).

Siamo collegati quando il prompt risponde con "redpitaya>" e si mette in attesa di comandi.

Spostiamoci nella cartella della scheda target in cui abbiamo trasferito l'applicativo. con "ls" vediamo dove siamo... con "cd nome cartella" ci spostiamo nei direttori, con "CD .." torniamo indietro di un livello tra i direttori.

I direttori sono mostrati in blu mentre i file in bianco. linux mostra gli eventuali eseguibili in verde, qui vedremo dopo averlo trasferito solo axi_write.

Impostiamo l'allocazione del device con:

cat system_wrapper.bit > /dev/xdevcfg

con "./axi_write 0x43c0000 1 1" mandiamo in esecuzione il nostro applicativo.

0x43c0000 è l'offset di allocazione del nostro applicativo, questo indirizzo ci viene dato in fase di sviluppo dall'ambiente Vivado.

i due "1" sono altri registri settati nel programma.

Per come è stato fatto lo specifico bitstream che stiamo caricando l'ultimo parametro corrisponde alla frequenza di oscillazione del led che faciamo lampeggiare.

Dando invio il programma viene eseguito all'interno del nostro sistema SoC e l'area FPGA è stata rimappata.

Nozioni piu approfondite si trovano sul libro "first step on FPGA programming" in vendita su lulu com, scritto da Marco Gottardo adottato sui corsi di FPGA previsti da gennaio 2018 a Padova. Chi è interessato prenda contatto anche tramite facebook al gruppo Micro-GT Microcontrollori PIC.

[3] [4]

Figura 15 Putty terminal

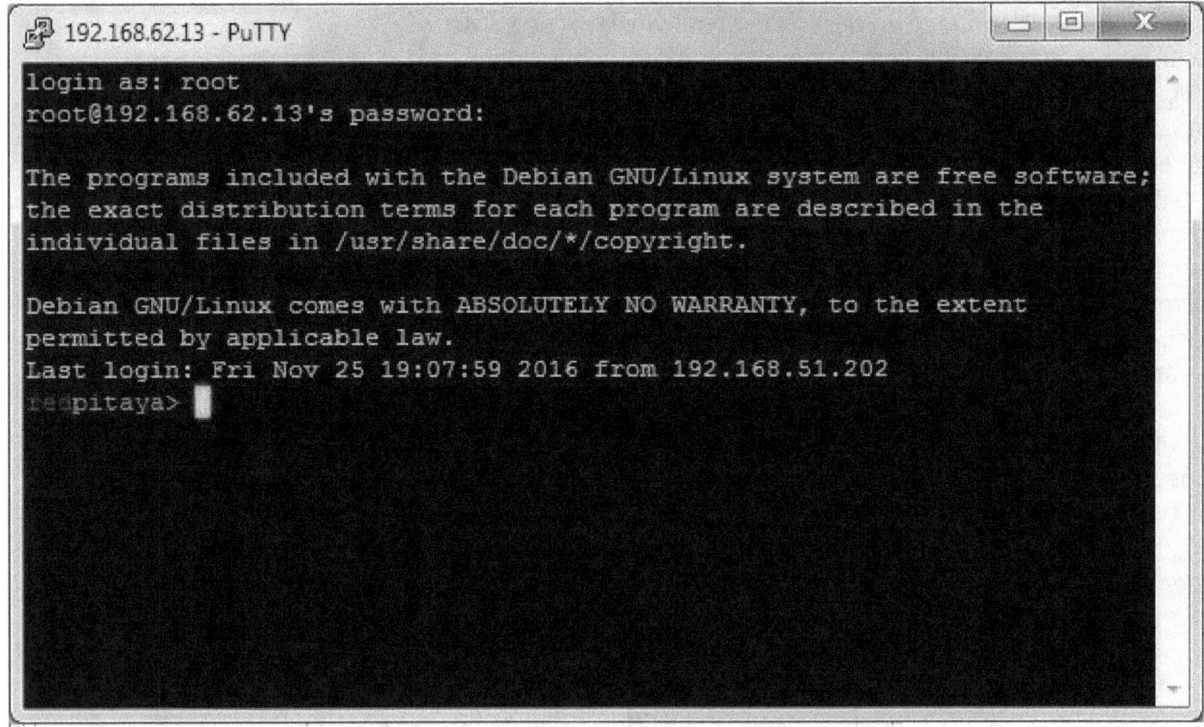

Figura 16 Login alla scheda SoC

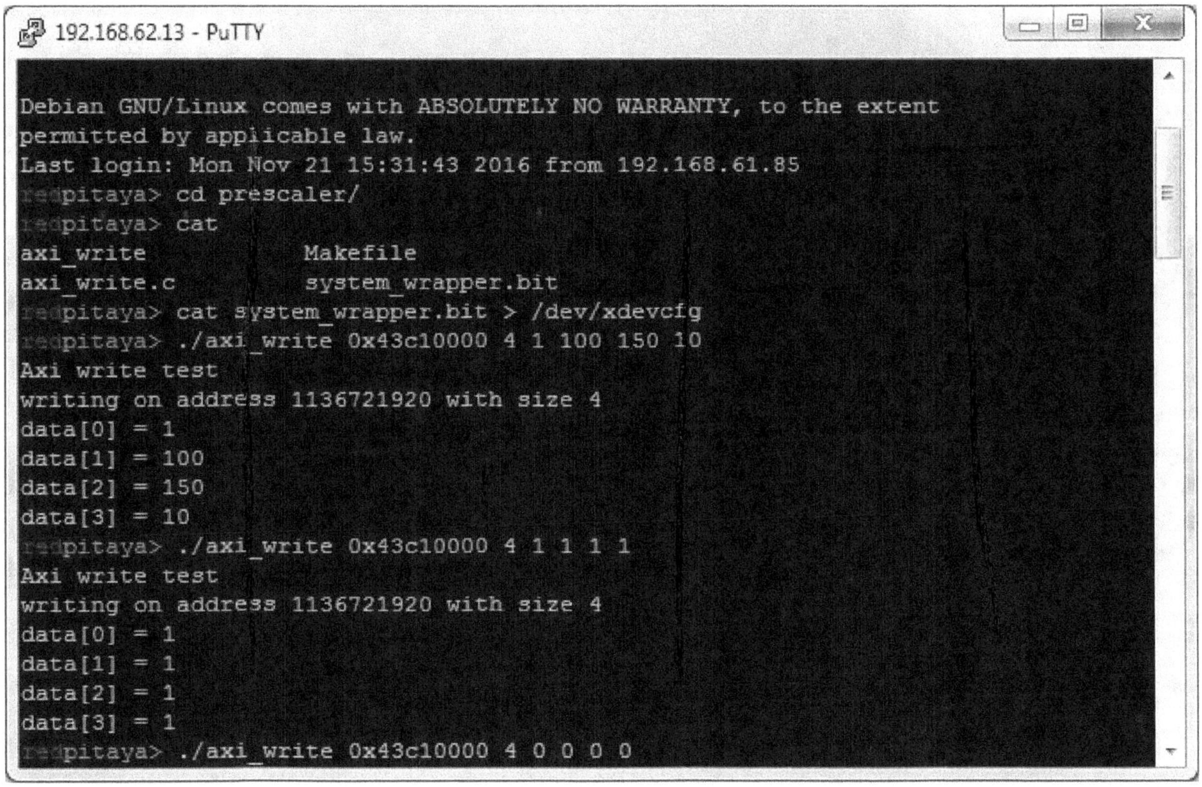

Let's program FPGA, collana di edizioni by Marco Gottardo.

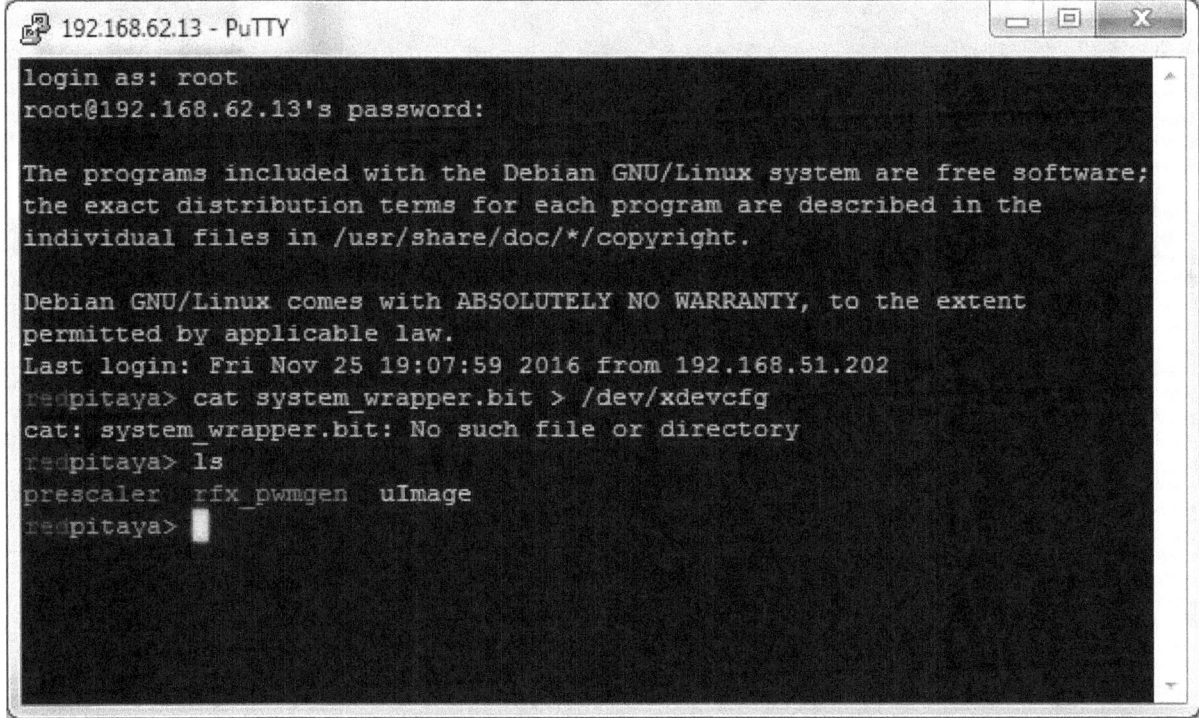

Figura 17 Comandi con AXI Write

Figura 18 Direttori Linux sul OS eco system

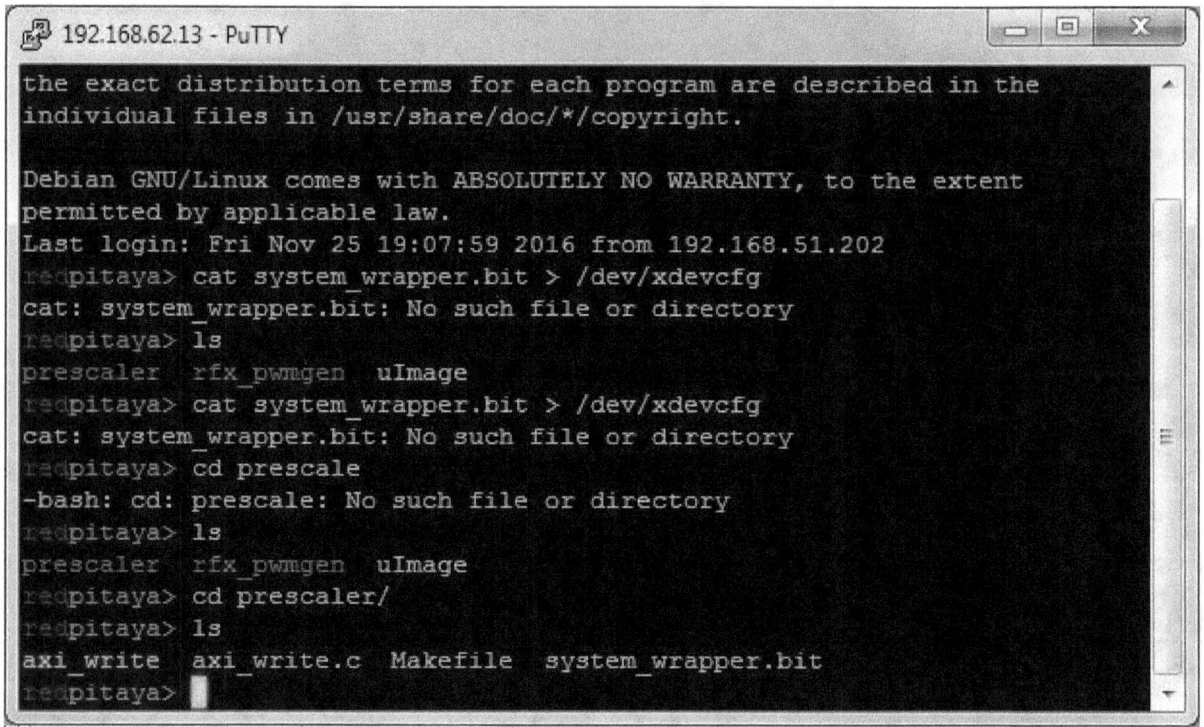

Figura 19 Direttiva all'AXI write

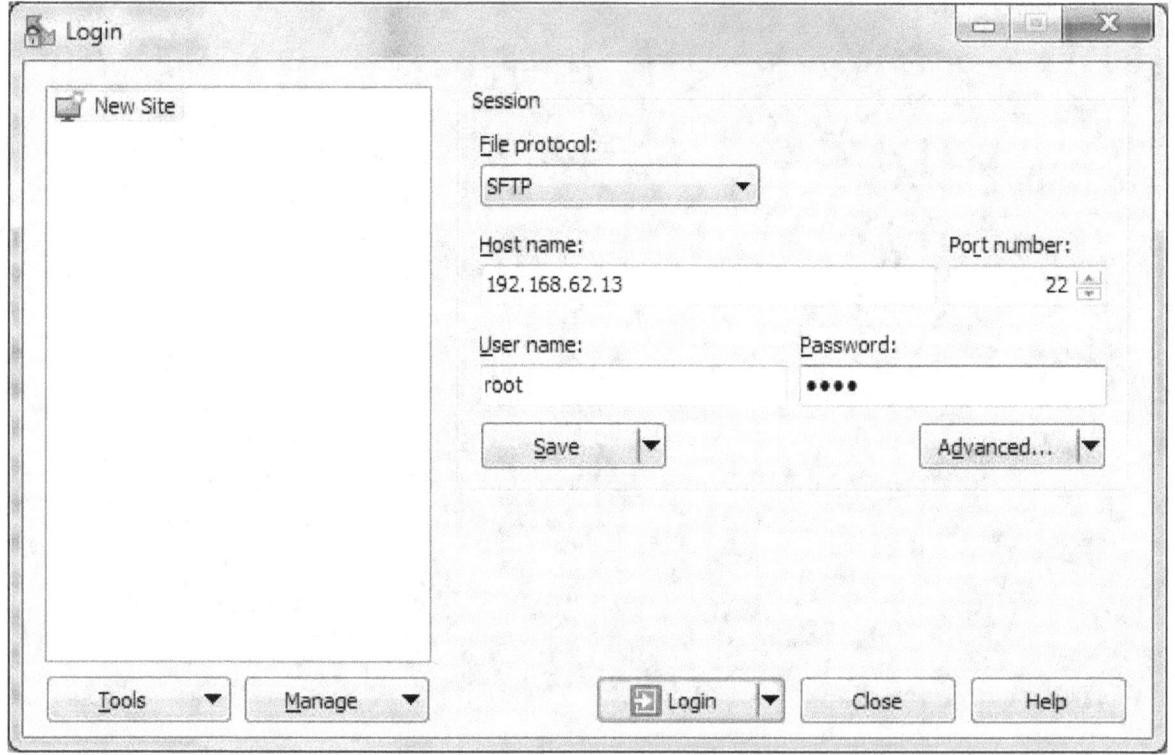

Figura 20 Login al sistema

Let's program FPGA, collana di edizioni by Marco Gottardo.

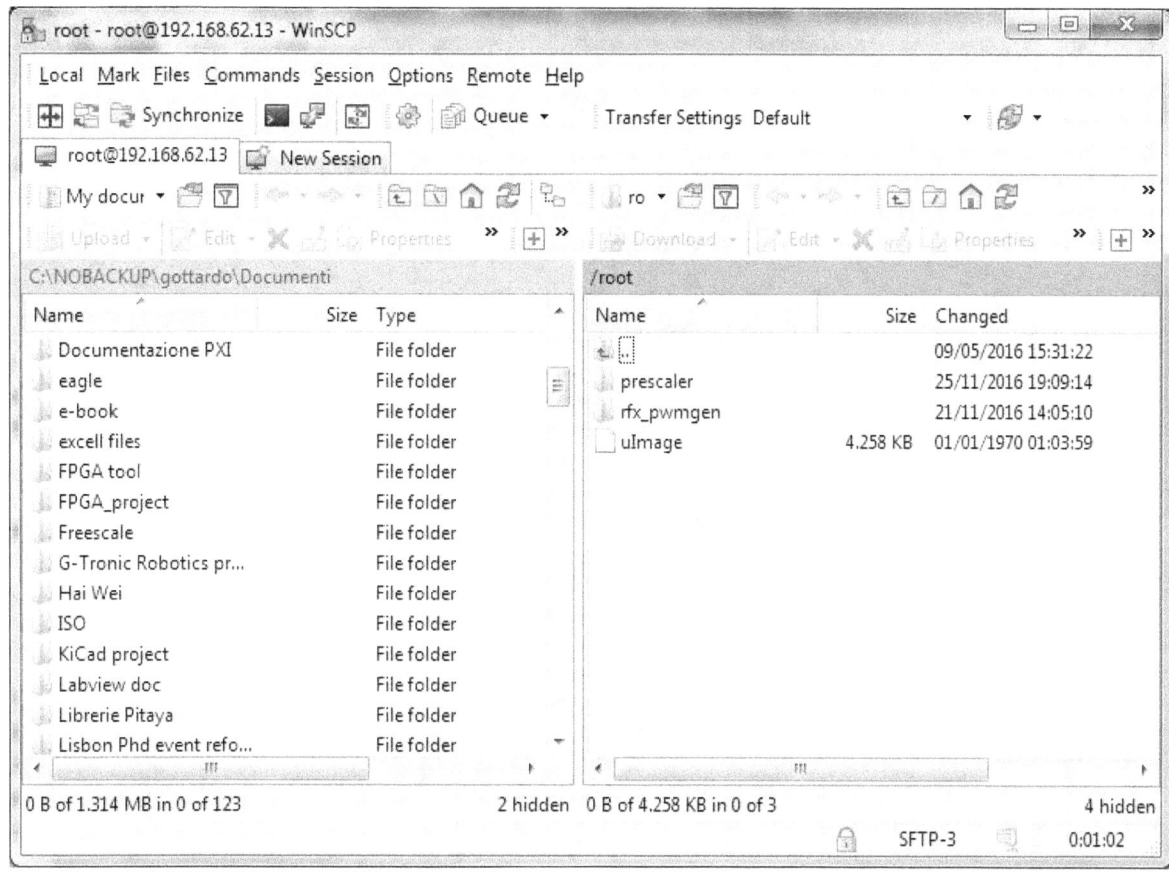

Figura 21 Trasferimento file con WinScp

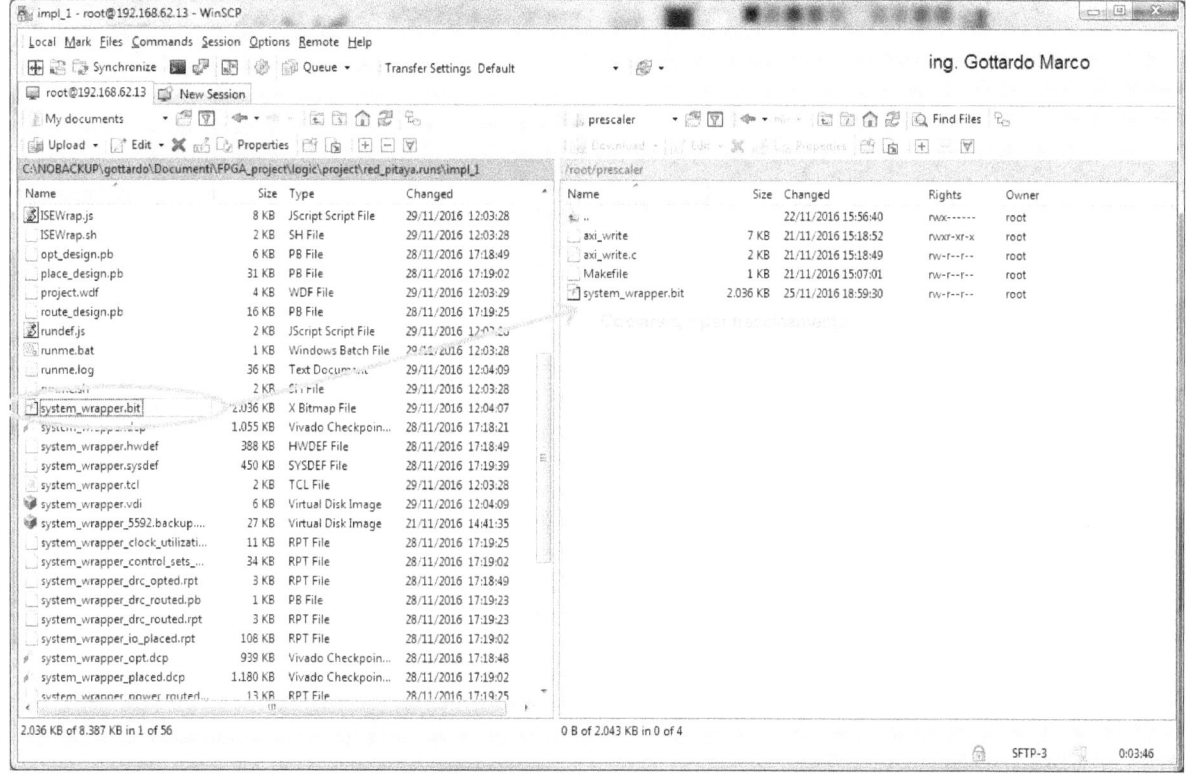

Figura 22 Copia bitstream nell'eco system

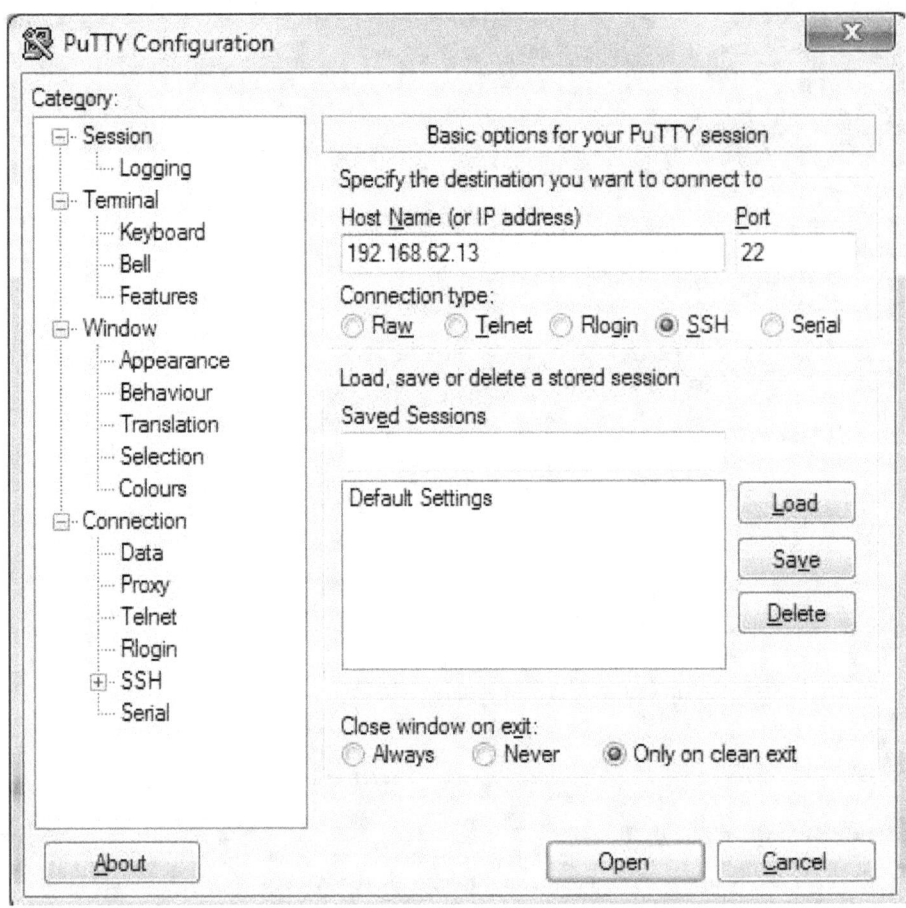

Figura 23 Configurazione base di PuTTY per la comunicazione e controllo FPGA

Bibliografia

[1] First step on FPGA Xilinx. Introduzione alla progettazione dei sistemi SoC, pubblicato il 3 ottobre 2016, Marco Gottardo (Licenza di copyright standard), ISBN: 9781326806064, distribuito da www.lulu.com link per acquisto

[2] FPGA to High speed ADC Data streaming , Pubblicato il 6 febbraio 2018, Lingua Inglese, Marco Gottardo (Licenza di copyright standard), ISBN: 9780244366896, distribuito da www.lulu.com link per acquisto

[3] Elettronica Analogica e Digitale con laboratorio e tecniche SMD. Edizione 2017, pubblicato il 26 Maggio 2016, Marco Gottardo (Licenza di copyright standard), ISBN: 9781326664879, distribuito da www.lulu.com link per acquisto

[4] Robotica: basi applicative, edizione 2018, pubblicato il 20 Agosto 2017, Marco Gottardo (Licenza di copyright standard), ISBN: 9780244027704, distribuito da www.lulu.com link per acquisto

Let's program FPGA, collana di edizioni by Marco Gottardo.

Indice delle figure

Figura 1 SoC della famiglia Zynq 7000, housing BGA 400 terminali 1
Figura 2 Programma HDL in ambiente Vivado 2
Figura 3 Xilinx Vivado start page 3
Figura 4 Strumento di simulazione con stimolo dei segnali 6
Figura 5 Programmazione di un IP divisore delle frequenza, prescaler 7
Figura 6 Creazione di un IP per generazione di codice sorgente 8
Figura 7 Selezione linguaggio dei codici sorgenti 8
Figura 8 Inserimento dei segnali di I/O all'IP 9
Figura 9 Generazione del bitstrema .bit 10
Figura 10 Visualizzation dell'area impegnata di silicio nell'FPGA 11
Figura 11 Comunicazione via ethernet con la sezione ARM del SoC 12
Figura 12 Generare pin esterni pre prelevare il segnale dall'FPGA 13
Figura 13 operazione make external dei segnali 14
Figura 14 buffer dei pin esterni 14
Figura 15 Putty terminal 16
Figura 16 Login alla scheda SoC 16
Figura 17 Comandi con AXI Write 17
Figura 18 Direttori Linux sul OS eco system 17
Figura 19 Direttiva all'AXI write 18
Figura 20 Login al sistema 18
Figura 21 Trasferimento file con WinScp 19
Figura 22 Copia bitstream nell'eco system 19
Figura 23 Configurazione base di PuTTY per la comunicazione e controllo FPGA 20